Najnin Sultana
Ashraful Islam

Análise da viabilidade da tecnologia sem fios 4G na saúde móvel omnipresente

Najnin Sultana
Ashraful Islam

Análise da viabilidade da tecnologia sem fios 4G na saúde móvel omnipresente

ScienciaScripts

Imprint

Cover image: www.ingimage.com

This book is a translation from the original published under ISBN 978-3-659-81689-5.

Publisher:
Sciencia Scripts
is a trademark of
Dodo Books Indian Ocean Ltd. and OmniScriptum S.R.L publishing group

120 High Road, East Finchley, London, N2 9ED, United Kingdom
Str. Armeneasca 28/1, office 1, Chisinau MD-2012, Republic of Moldova, Europe
Printed at: see last page
ISBN: 978-620-8-11432-9

Dedicado aos meus adoráveis filho e filha

RECONHECIMENTO

Em primeiro lugar, exprimo o meu mais sincero agradecimento e gratidão a Deus Todo-Poderoso pela sua bênção divina que nos permitiu concluir este trabalho com êxito.

Gostaríamos de expressar a nossa mais sincera gratidão ao **Dr. A. K. M. Fazlul Haque**, **Professor,** Diretor, Departamento de ETE, Md. Taslim Arefin, Professor Assistente, Sra. Shahina Haque, Professora Assistente e Dr. Subrata Kumar Aditya, Professor, Departamento de Física Aplicada, Engenharia Eletrónica e de Comunicações, Universidade de Dhaka, pela sua amável ajuda para terminar o nosso trabalho e também a outros membros do corpo docente e ao pessoal do departamento de ETE da Universidade Internacional Daffodil. Gostaríamos de agradecer a todos os nossos colegas de curso e colegas da Universidade Internacional de Daffodil, que participaram neste debate e nos ajudaram a recolher informações.

Por último, temos de reconhecer com o devido respeito o apoio e a paciência constantes dos nossos pais.

ÍNDICE DE CONTEÚDOS

CAPÍTULO 1
INTRODUÇÃO

1.1 Introdução geral

A telemedicina é a solução para prestar melhores cuidados de saúde às zonas desfavorecidas e inacessíveis. Permite que tanto os doentes como o médico comuniquem com um especialista que pode estar a 160 quilómetros de distância. Muitos países em desenvolvimento registam uma grave escassez de médicos, em especial de especialistas; o Bangladesh é um deles. Além disso, o Bangladesh é um dos países mais sobrepovoados do mundo, onde o rácio médico-doente é de 1:4719.

O objetivo da telemedicina é proporcionar um acesso equitativo a conhecimentos médicos especializados, independentemente da localização geográfica da pessoa que deles necessita. É mais eficaz e tem grande influência especialmente quando os especialistas são raros, as distâncias são grandes e/ou as infra-estruturas são limitadas [1]. A telemedicina tem um forte impacto nos países em desenvolvimento, uma vez que permite que as zonas remotas tenham acesso a cuidados médicos e criem conhecimentos locais [2].

Figura 1.1: Telemedicina

Este estudo explora o estado das infra-estruturas de informação, a situação atual da telemedicina e as oportunidades futuras da telemedicina no Bangladesh. O foco central foi a infraestrutura de informação e a utilização atual das TIC no sector da saúde do Bangladesh. Quase todo o trabalho é feito em papel, sendo apenas uma fração informatizada para a produção de estatísticas destinadas a serem transmitidas às direcções regionais e nacionais.

1.2 Uma breve história da telemedicina

Parece que o interesse crescente pela telemedicina nos últimos anos pode ser atribuído aos avanços das telecomunicações. A verdade é que a telemedicina existe desde os anos 60, quando os astronautas foram para o espaço pela primeira vez. De facto, a NASA integrou a tecnologia de telemedicina nas primeiras naves espaciais e fatos espaciais para monitorizar os parâmetros fisiológicos dos astronautas. No entanto, outros marcos assinalam o percurso da telemedicina até ao ponto em que se encontra atualmente [3].

- 1964: Ao abrigo de uma subvenção do Instituto Nacional de Saúde Mental dos EUA (NMH), o Instituto Psiquiátrico do Nebraska começou a utilizar uma ligação bidirecional de televisão em circuito fechado entre o próprio Instituto e o Hospital Estatal de Norfolk, a cerca de 112 milhas de distância. A ligação era utilizada para formação e consultas entre especialistas e médicos de clínica geral.
- 1967: Foi criada uma estação médica no Aeroporto Internacional Logan de Boston e ligada ao Hospital Geral de Massachusetts (MGH), a quilómetros de distância, na cidade de Boston. Os médicos do MGH prestavam cuidados médicos aos pacientes no aeroporto 24 horas por dia, utilizando uma ligação bidirecional de áudio/vídeo por micro-ondas.
- 1971: O Centro Nacional de Comunicação Biomédica Lister Hill da Biblioteca Nacional de Medicina dos EUA escolheu 26 locais no Alasca para verificar a fiabilidade da telemedicina através de comunicações por satélite. O satélite ATS-1 da NASA foi utilizado para esta experiência.
- 1972: A NASA iniciou os ensaios do seu programa STARPAHC (Space Technology Applied to Rural Papago Advanced Health Care) para ajuda telemédica a pessoas que vivem em locais remotos com poucos ou nenhuns serviços médicos, como a Reserva Indígena Papago do Arizona. Concebido pela NASA e pela Lockheed Missiles and Space Co. (atualmente Lockheed-Martin), o sistema utilizava transmissões bidireccionais por micro-ondas para ligar pessoal paramédico localizado em carrinhas móveis e estações fixas a especialistas médicos em hospitais de Tucson e Phoenix. O programa durou até 1975.
- 1972: A Divisão de Tecnologia de Cuidados de Saúde do Departamento de Saúde, Educação e Bem-Estar dos EUA (HEW) financiou sete projectos de investigação e

demonstração de telemedicina: os Institutos de Saúde Mental do Illinois em Chicago, a Case Western Reserve University do Ohio em Cleveland, o Hospital de Cambridge do Massachusetts, o Bethany/Garfield Medical Center do Illinois em Chicago, a Lakeview Clinic do Minnesota em Waconia, o INTERACT da Dartmouth Medical School em Hanover, N.H., e a Mount Sinai School of Medicine em Nova Iorque. No ano seguinte, a National Science Foundation (NSF) dos EUA financiou mais dois projectos de telemedicina: o projeto Boston Nursing Home para doentes geriátricos e o projeto Miami-Dade entre o Dade County da Florida e o Jackson Memorial Hospital de Miami.

- 1977: A Universidade Memorial da Terra Nova, do Canadá, participou num programa espacial canadiano para o ensino à distância e cuidados médicos, utilizando o satélite canadiano/americano Hermes.
- 1984: O projeto North-West Telemedicine foi criado na Austrália para testar a rede de comunicações por satélite Q-Network do governo australiano. O objetivo do projeto era prestar cuidados de saúde a pessoas em cinco cidades remotas a sul do Golfo de Carpentaria.
- 1989: Depois de um grande terramoto ter atingido a República Soviética da Arménia, os EUA ofereceram à União Soviética, sob os auspícios do Grupo de Trabalho Conjunto EUA/R.S.S.R. sobre Biologia Espacial, a utilização de uma rede internacional de telemedicina unidirecional para consultas entre Yerevan, na Arménia, e quatro centros médicos nos EUA.
- 2000 - 20 de janeiro: lançamento do primeiro sistema de telemedicina de baixo custo no Bangladesh.
- 2001 - 25 de setembro: iniciou os primeiros serviços médicos internacionais utilizando a tecnologia de telemedicina com a University of Nebraska Medical Center / Nebraska Health System (UNMC/NHS), Omaha, NE, EUA e Apollo Hospitals Group, Chennai, Índia.
- 2001 - 25 de setembro: organizou e patrocinou o primeiro seminário sobre telemedicina no Bangladesh, em conjunto com o Ministério da Saúde, Governo do Bangladesh.
- 2002 - 30 de setembro: chefiou a equipa de uma delegação do Governo e do sector privado do Bangladesh aos EUA para um estudo sobre telemedicina, a convite do

Governador do Nebraska, EUA.

- 2002 - 2 de outubro: O fundador do TRCL, Dr. Zakir, foi premiado pela UNMC / NHS pela sua extraordinária contribuição para os programas de parceria internacional.
- 2004 - 22 de janeiro: organizou e patrocinou a 1ª Conferência Internacional sobre e-Government, e-Healthcare e e-Learning em conjunto com o Gabinete do Primeiro-Ministro para o Apoio à Task Force ICT do Governo do Bangladesh.
- 2005 - 5 de junho: A TRCL demonstrou o sucesso do sistema de call center médico utilizando a infraestrutura de telefonia móvel e sistemas de mensagens de texto.
- 2006 - 5 de janeiro: assinatura do acordo de parceria estratégica com a Grameenphone Ltd. para o projeto Medical Call Center.
- 2007 - 12 de fevereiro: Health Line - o primeiro centro de atendimento médico gerido por médicos licenciados em conjunto com a Grameenphone Ltd. foi galardoado com o GSMA Global Mobile Award 2007.
- 2009 - 26 de junho: O ICDDR, Bangladesh (www.icddrb.org) e a Johns Hopkins School of Public Health (em nome da Future Health Systems) e o TRCL assinaram um acordo para iniciar o projeto IRHIS (Integrated Rural Health Information System).
- 2009 - 17 de outubro: A TRCL celebrou com sucesso a conclusão da primeira década de atividade nos sectores da telemedicina, da saúde eletrónica e da saúde móvel.
- 2009 - 3 de novembro: A TRCL lançou o sistema de gestão de doenças crónicas sob a marca "AMCARE" no Bangladesh. Na primeira fase, foram introduzidos o Sistema de Gestão de Doentes com Diabetes (DPMS) e as aplicações móveis da TRCL.
- 2010 - 26 de abril: assinou um acordo de colaboração exclusiva com a Associação de Diabéticos do Bangladesh para alargar os cuidados de diabetes a todo o país, a fim de colocar 100% dos doentes diabéticos sob tratamento e monitorização, utilizando a plataforma de gestão de doentes da TRCL e o sistema de centro de atendimento médico.
- 2010 - 14 de julho: A TRCL e a Associação de Diabéticos do Bangladesh, em conjunto, sob uma subvenção da Fundação Mundial de Diabetes, lançaram formalmente o Esquema de Médicos Acreditados (APS) para formar, equipar e distribuir 500 médicos rurais certificados em todos os sub-distritos do Bangladesh, que irão praticar como

centros rurais de cuidados a diabéticos.

- 2011 - 2 de junho: O TRCL lançou um projeto-piloto em colaboração com o ICDDRB e o JHSPH, financiado pelo DFID (Reino Unido), para incluir os médicos das aldeias (tradicionais) no sistema de centros de atendimento médico do TRCL.
- 2011 - 10 de julho: A TRCL lançou um serviço de call center médico em Singapura para os expatriados do Bangladesh [2].

1.3 Apresentação do Bangladesh

O Bangladesh é uma república com cerca de 153 milhões de habitantes. O país está quase totalmente rodeado pela Índia, com uma pequena fronteira comum com Myanmar, a sudeste. A sul, encontra-se a Baía de Bengala. A paisagem é constituída por mangais, florestas de bambu, colinas, dunas de areia, ilhas aluviais, deltas de rios, bancos de lama e muitos rios. No sudoeste, situam-se os Chittagong Hill Tracts, que consistem em colinas baixas cobertas de restos de floresta tropical húmida. O clima é tropical, com estações de monção. Dhaka, com 10 milhões de habitantes, é a capital e a maior cidade do Bangladesh. Embora o Bangladesh tenha surgido como país independente em 1971, a sua história remonta a milhares de anos. Há muito que o Bangladesh é conhecido como uma encruzilhada de história e cultura, onde muçulmanos, hindus, cristãos, budistas e outras tribos vivem em relativa harmonia.

Figura 1.2: Mapa do Bangladesh

1.4 Necessidade de telemedicina no Bangladesh:

O Bangladesh é um dos países mais densamente povoados do mundo. Cerca de 153 milhões de pessoas vivem num território de 1.47.570 km2. A área total do Bangladesh está dividida em

"Divisões", que por sua vez se subdividem em distritos, depois em upazila (sub-distrito) e, por fim, em conselhos sindicais. Existem 7 divisões, 64 distritos, 494 upazila (sub-distrito) e 6030 conselhos sindicais.

A distribuição das infra-estruturas de saúde pode ser dividida em diferentes níveis: nacional, divisional, distrital, upazila (subdistrito), união, bairro e aldeia. A nível nacional, existem institutos, tanto para as funções de saúde pública como para o ensino/formação médica pós-graduada e o tratamento especializado dos doentes. Em cada sede de divisão, existe um hospital de doenças infecciosas e uma ou mais faculdades de medicina. Cada faculdade de medicina tem um hospital universitário anexo. Em cada distrito, existe um hospital distrital. Em cada upazila (sub-distrito), existe um hospital com 31 a 50 camas. A nível da união, pode existir um ou outro dos três tipos de instalações de saúde, ou seja, numa instalação de saúde da união, existe um posto de médico. Todas as instalações sindicais possuem assistentes médicos para prestar serviços de saúde à população. Ao nível dos bairros, estão a ser criadas clínicas comunitárias (CC), uma para cada 6.000 pessoas.

Tabela 1.1 Tipos de unidades de saúde em diferentes níveis administrativos:

National	Divisional	District	Upazila	Union	Ward
Public Health Institute	Medical College & Hospital with nursing institute	District Hospital with nursing institute	Upazila Health Complex	Rural Health Center (in some)	Community clinic
Postgraduate Medical Institute &Hospital with nursing institute	General Hospital with nursing institute	District Hospital with nursing institute	TB Clinic (in some)	Union sub Center (in some)	
Specialized Health center	Infectious Disease Hospital	Chest clinic (in some)		Union Health & Family Welfare Center (in some)	

Os dados seguintes apresentam uma panorâmica das instalações de cuidados de saúde no Bangladesh:

Demográfico [4]

- População - mais de 150 milhões

- População rural - 77%
- Densidade populacional - 881 quilómetros quadrados (340 sq mi)
- Pessoas abaixo do limiar de pobreza - 60%
- Taxa de duplicação da população - 25-30 anos
- PIB per capita - Tk. 18,896

Infra-estruturas de cuidados de saúde [4]

- Vários tipos de hospitais a nível distrital - 80
- Hospitais públicos de faculdades de medicina - 13
- Hospitais pós-graduados - 6
- Hospitais especializados - 25
- Rácio médico/população - 1:4.719
- Rácio enfermeiro/população - 1:8.226
- Camas de hospital - 40 773 (mais de 29 000 em GOB)

As estatísticas acima referidas mostram que, embora a população do Bangladesh esteja concentrada nas aldeias e nas pequenas cidades, os serviços médicos nessas zonas estão longe de ser suficientes. Para consultar um médico especialista, a população das zonas rurais não tem outra alternativa senão deslocar-se às grandes cidades, gastando dinheiro e tempo crucial no transporte. Muitas vezes, devido às más condições das estradas e do tráfego, os doentes não conseguem encontrar-se com o médico em causa no dia da consulta.

Embora o Governo do Bangladesh faça o seu melhor para enviar médicos para as zonas remotas para ajudar as pessoas, mas devido às más infra-estruturas dos centros de saúde rurais e às más infra-estruturas das aldeias, a maioria dos médicos abandona essas estações remotas no prazo de 1 a 2 anos e desloca-se para as zonas urbanas.

A fim de prestar cuidados de saúde adequados a essas pessoas frustradas das zonas rurais, o governo tem de escolher uma das duas opções possíveis. A primeira opção consiste em melhorar as infra-estruturas deficientes e construir hospitais, enquanto a segunda opção é a telemedicina. Para a aplicação da primeira opção, o governo necessita de grandes investimentos e de tempo. Por conseguinte, a segunda opção, ou seja, a telemedicina, parece ser a melhor opção para prestar os melhores cuidados de saúde utilizando ao máximo os recursos limitados.

Por outro lado, o Bangladesh é principalmente constituído por terras planas. A maior parte das áreas do Bangladesh são afectadas pelas inundações. 75% do Bangladesh está a menos de 10 m acima do nível do mar e 80% é uma planície de inundação, o que faz do Bangladesh uma nação em grande risco de sofrer danos generalizados, apesar do seu desenvolvimento. As inundações ocorrem normalmente durante a estação das monções, de junho a setembro. A precipitação convectiva da monção é complementada pela precipitação de alívio causada pelos Himalaias. A água de degelo dos Himalaias é também um contributo significativo e provoca inundações todos os anos. Estas duram frequentemente cerca de um mês.

Todos os anos, no Bangladesh, cerca de 26 000 km^2 , (cerca de 18%) do país é inundado, matando mais de 5 000 pessoas e destruindo mais de 7 milhões de casas. Em caso de cheias graves, a área afetada pode exceder 75% do país, como se verificou em 1998. Este volume corresponde a 95% do caudal total anual. Em comparação, apenas cerca de 187 000 milhões de m^3 , de caudal são gerados pela precipitação no interior do país durante o mesmo período. As inundações causaram devastação no Bangladesh ao longo da história, especialmente durante os anos de 1966, 1987, 1988 e 1998. As inundações de 2007 no Sul da Ásia também afectaram uma grande parte do Bangladesh.

Figura 1.3: Área afetada pelas cheias no Bangladesh

Por conseguinte, a telemedicina parece ser a melhor opção para prestar os melhores cuidados de saúde utilizando ao máximo os recursos limitados.

1.5 Objetivo do projeto

- Estudar o atual sistema de saúde TIC ou a infraestrutura de telemedicina no Bangladesh.
- Estudar o cenário da saúde móvel no Bangladesh
- Estudar a tecnologia existente utilizada no sistema m-Health e as limitações dessas tecnologias, bem como as aplicações do sistema m-Health.
- Testar a viabilidade da nova geração de alta tecnologia do sistema de comunicação móvel sem fios na atual infraestrutura de saúde das TIC.
- Analisar a capacidade da população em geral de um país em desenvolvimento como o Bangladesh para fazer uso das instalações de saúde de alta tecnologia.

CAPÍTULO 2
PESQUISA BIBLIOGRÁFICA

Niamat et al propuseram um modelo de rede de telemedicina que melhora os serviços de saúde em zonas remotas do Paquistão. O modelo proposto consiste em operações de telemedicina em modo store & forward e em modo real. Este modelo liga os hospitais pequenos e mal equipados situados nas zonas rurais aos hospitais grandes e bem equipados e aos centros de telemedicina situados nas zonas urbanas. Antes disso, explicou a situação recente da telemedicina no Paquistão e explicou também a razão pela qual o Paquistão precisa de telemedicina [5].

Annessa et al mencionaram as razões pelas quais o Bangladesh tem de avançar para a telemedicina. Apresentaram também as actividades e os projectos de telemedicina passados e em curso no Bangladesh. Analisando estes projectos, descobriram alguns factores que devem ser cuidadosamente avaliados para que a aplicação da telemedicina seja bem sucedida. Por fim, propuseram um protótipo de rede de telemedicina para o Bangladesh que pode melhorar as instalações de saúde através da telemedicina, estabelecendo uma ligação entre os prestadores de serviços de saúde rurais e os hospitais especiais [6].

O Sr. Abul Kalam explorou o estado das infra-estruturas de informação, a situação atual da telemedicina e as oportunidades futuras da telemedicina no Bangladesh. O foco central foi a infraestrutura de informação e a utilização atual das TIC no sector da saúde do Bangladesh. Este estudo é quase certamente o primeiro do género no Bangladesh; houve alguns estudos inadequados de ensaios iniciais de telemedicina em alguns países em desenvolvimento, avaliando os desafios da implementação. Este estudo menciona brevemente um desses estudos: o sistema de telemedicina indiano [7].

Istepanian et al apresentaram uma panorâmica dos desenvolvimentos recentes nestas áreas e abordam alguns dos desafios e questões de implementação futura na perspetiva da saúde móvel. As contribuições apresentadas nesta secção especial representam alguns desses desenvolvimentos recentes e ilustram a natureza multidisciplinar deste conceito importante e emergente [8].

Poon C. C. Y et al exploraram a utilização desta conduta no mecanismo de segurança da BASN, ou seja, através de uma abordagem biométrica que utiliza uma caraterística intrínseca do corpo humano como identidade de autenticação ou como meio de garantir a distribuição de uma chave de cifra para proteger as comunicações inter-BASN. O método foi testado em 99 indivíduos com 838 segmentos de registos simultâneos de eletrocardiograma e foto-pletismograma. Utilizando o intervalo entre pulsos (IPI) como caraterística biométrica, o sistema atingiu uma taxa de erro total mínima de 2,58% quando os IPIs medidos a partir de sinais, que foram amostrados a 1000 Hz, foram codificados em sequências binárias de 128 bits. O estudo abre algumas questões-chave para investigação futura, incluindo esquemas de compensação para a assincronia de diferentes canais, esquemas de codificação e outros traços biométricos adequados [9].

Jovanov, E. apresentou tecnologias sem fios actuais e emergentes e desenvolvimentos em tecnologias pervasivas e móveis que são vitais para a implementação de monitores baseados em WBAN e para a integração de sistemas de saúde móvel. Salientaram o problema do funcionamento fiável do sistema com um consumo de energia extremamente baixo e conetividade descontínua, típicos da monitorização ambulatória [10].

Istepanian, R. H. S abordou algumas notas e tendências futuras nestas áreas emergentes e as suas aplicações para os sistemas de saúde móvel. Discutiram também estratégias actuais e futuras para a implementação destes sistemas em sectores importantes dos cuidados de saúde, bem como em ambientes médicos críticos [11].

O objetivo do artigo de Kyriacou é apresentar uma panorâmica da situação atual e dos desafios dos sistemas de saúde móveis (m-health) nos sistemas e serviços de cuidados de saúde de emergência (e-emergency). O documento faz uma análise dos recentes sistemas de emergência eletrónica, incluindo as tecnologias sem fios utilizadas, bem como os dados transmitidos (registo eletrónico do doente, sinais biológicos, imagens e vídeos médicos, vídeos de pessoas e outros). Além disso, são apresentados os sistemas de vídeo sem fios emergentes para comunicações fiáveis nestas aplicações [12].

Ping Yu investigou a força motriz para o avanço das soluções de saúde móvel. O atual avanço da saúde móvel foi analisado. Foram abordados os desafios para o desenvolvimento e a implementação de aplicações de saúde móvel. Este artigo concluiu sugerindo o fator mais crítico para o êxito da saúde móvel. O método utilizado para o estudo foi a pesquisa bibliográfica, a análise de mercado e a análise [13].

CAPÍTULO 3
INFRA-ESTRUTURAS SANITÁRIAS

3.1 Quadro teórico

A elemedicina tem sido praticada com êxito em muitos países com a ajuda dos recursos tecnológicos e informáticos necessários. No entanto, a maior parte dos projectos de TIC que estão a ser introduzidos, investindo fundos avultados no sector da saúde para facilitar a prestação de cuidados, não têm tido êxito. A maior parte da população do planeta continua a ser mal servida devido à grande falta de médicos e especialistas, sobretudo nos países em desenvolvimento. O início das modernas tecnologias de comunicação desencadeou uma nova vaga de oportunidades para a prestação de serviços de saúde. Até mesmo os países desenvolvidos estão a tomar medidas para estabelecer a telemedicina a fim de reduzir as suas despesas de saúde. Por exemplo, os Estados Unidos têm um plano para estabelecer a telemedicina (EHR) para poupar cerca de 77 mil milhões de dólares por ano, coordenar os cuidados, medir a qualidade e reduzir os erros médicos. Questões fundamentais como o estado da infraestrutura de informação, as interações das pessoas com a tecnologia e a sua aceitação devem ser analisadas de forma crítica durante a implementação de qualquer sistema de telemedicina.

3.2 Infra-estruturas de informação e implementação da telemedicina

A base técnica de uma infraestrutura de informação são as normas que regulam os padrões de comunicação. Qualquer sistema de informação requer uma infraestrutura sólida que possa suportar o software e os seus utilizadores. O termo **infraestrutura de informação** refere-se às redes de comunicação e ao software associado que suportam a interação entre pessoas e organizações. A Internet é o fenómeno que tem impulsionado o debate até à data. O termo Infraestrutura de Informação é útil como termo coletivo para as redes actuais (ou seja, a Internet) e para as futuras instalações prováveis. O Dicionário Livre define 'infraestrutura' como:

"Os equipamentos, serviços e instalações básicos necessários ao funcionamento de uma comunidade ou sociedade, tais como sistemas de transporte e comunicações, linhas de água e eletricidade e instituições públicas, incluindo escolas, correios e prisões.

Uma **infraestrutura de informação** é definida por [14] como "uma base instalada partilhada, evolutiva, aberta, normalizada e heterogénea" e como todas as pessoas, processos, procedimentos, ferramentas, instalações e tecnologias que apoiam a criação, utilização, transporte, armazenamento e destruição da informação. A infraestrutura de informação é um composto de sistemas de informação e outros componentes de apoio, como a capacidade de partilha, a incapacidade e a abertura.

3.2.1 Componentes da infraestrutura de informação

As infra-estruturas de informação podem ser avaliadas como uma combinação prática equilibrada, rodeada por programas de práticas de trabalho, tecnologia e uma vasta gama de propriedades organizacionais e técnicas que são claras para as comunidades de consumidores. São concebidas para uma grande diversidade de consumidores e de grupos de consumidores, e são feitas para funcionar de uma forma determinada com uma ordem consultada que lhe diz respeito. Todas estas caraterísticas são realmente relevantes para o regime de telemedicina, em que a telemedicina está a ser utilizada por um grande número de grupos de consumidores. As infra-estruturas de informação são os elementos que estão ligados às disposições e tecnologias sociais. Podem ir para além de um único evento ou de uma prática num único local, quer em termos espaciais quer temporais. Nas infra-estruturas de informação, todos os novos membros adquirem uma consciência normal das suas partes e peças à medida que se tornam membros dessa infraestrutura. É significativo que as infra-estruturas de informação sejam formadas pelo princípio de uma prática comunitária. Aparentemente, as IIs devem incluir a incorporação de normas. Tem a qualidade impercetível de estrutura de trabalho. Torna-se visível quando se rompe. No caso das infra-estruturas de informação sobre cuidados de saúde, os vários tipos de informação estão inter-relacionados e sobrepõem-se. A mesma informação pode ser transmitida de diferentes formas, por exemplo, uma imagem digital de raios X pode ser transmitida através de um sistema de conferência multimédia ou anexada através de um correio eletrónico. Além disso, uma unidade organizacional pode comunicar com várias unidades dessa organização ou fora dela com diferentes objectivos, por exemplo, um laboratório pode comunicar com vários médicos de clínica geral, outros laboratórios e outras enfermarias do hospital. Estas propriedades de interligação fazem com que os sistemas tenham aplicações a vários níveis e transformam os sistemas em infra-estruturas [14].

3.3 Tipos de infra-estruturas

As infra-estruturas de informação estão a progredir através da expansão da Internet, das infra-estruturas para determinados sectores de atividade e das infra-estruturas empresariais.

Infra-estruturas globais - A Internet: a própria Internet é um sistema de telecomunicações e de informação. É um recurso partilhado por milhares de milhões de utilizadores em todo o mundo. É atualmente utilizada como base tecnológica para muitos serviços de telecomunicações tradicionais, tais como a radiodifusão televisiva, os serviços de telefonia móvel, etc. Atualmente, a Internet está no centro de muitos desenvolvimentos tecnológicos [14].

Infra-estruturas do sector empresarial - A ideia de troca de informações através das margens organizacionais foi alargada a diferentes explicações partilhadas por organizações dentro de algum tipo de sectores empresariais. Inclui soluções para comércio eletrónico, extranets e redes de telemedicina.

Infra-estruturas empresariais - Atualmente, as telecomunicações estão a ser utilizadas para ajudar os utilizadores dispersos por grandes regiões geográficas a aceder ao mesmo tipo de informação e serviços. A fusão das tecnologias de telecomunicações e de informação permitiu a incorporação de sistemas de informação para além de quaisquer fronteiras organizacionais e geográficas. Para melhorar a sua competitividade, as organizações estão a tentar juntar os seus diferentes sistemas com os dos seus clientes, revendedores e parceiros em todo o mundo [14].

CAPÍTULO 4
TELEMEDICINA E m-SAÚDE

4.1 Telemedicina

O prefixo "Tele" deriva da palavra grega que significa "longe", "à distância" ou "remoto". Por conseguinte, a palavra telemedicina indica: medicina prestada à distância. Aqui está uma definição que dá mais especificações em mais algumas palavras: "A telemedicina é a utilização das telecomunicações para fornecer informações e serviços médicos" [15]. A telemedicina nasceu fundamentalmente durante a "corrida espacial" entre os EUA e a antiga URSS. A National Aeronautics and Space Administration (NASA), o exército e o governo dos EUA financiaram muitos projectos de telemedicina. A NASA estava interessada em criar um sistema de monitorização à distância para gerir a saúde dos astronautas americanos no espaço [16].

"A telemedicina envolve a utilização de tecnologias de informação modernas, especialmente comunicações áudio/vídeo interactivas bidireccionais, computadores e telemetria, para prestar serviços de saúde a doentes remotos e facilitar o intercâmbio de informações entre médicos de cuidados primários e especialistas a alguma distância uns dos outros"[17].

A "telemedicina" pode ser separada dos termos "telessaúde" e "teleassistência". A telemedicina utiliza as tecnologias da informação e das comunicações para transferir informações médicas para efeitos de diagnóstico, terapia e educação. A telessaúde utiliza as tecnologias da informação e das telecomunicações para transferir informação sobre cuidados de saúde para a prestação de serviços clínicos, administrativos e educativos. Os "telecuidados" são utilizados para descrever a aplicação da telemedicina na prestação de serviços médicos a doentes nas suas próprias casas ou em instituições supervisionadas.

4.2 Tipos de telemedicina

A telemedicina pode ser dividida em três categorias principais: **armazenamento e encaminhamento**, **monitorização remota** e serviços **interactivos** [18].

A telemedicina de armazenamento e encaminhamento envolve a aquisição de dados médicos (como imagens médicas, sinais biológicos, etc.) e a transmissão desses dados a um médico ou especialista médico numa altura conveniente para avaliação offline. Não requer a presença de ambas as partes ao mesmo tempo. A dermatologia (cf: teledermatologia), a radiologia e a patologia são especialidades comuns que se prestam à telemedicina assíncrona. Um registo médico devidamente estruturado, de preferência em formato eletrónico, deve ser uma componente desta transferência. Uma diferença fundamental entre as tradicionais reuniões presenciais com os doentes e os encontros de telemedicina é a omissão de um exame físico e de um historial. O processo de armazenamento e transferência exige que o médico se baseie num relatório de historial e em informações de áudio/vídeo em vez de um exame físico.

A monitorização à distância, também conhecida como auto-monitorização/teste, permite que os profissionais de saúde monitorizem um doente à distância utilizando vários dispositivos tecnológicos. Este método é utilizado principalmente para gerir doenças crónicas ou condições específicas, como doenças cardíacas, diabetes mellitus ou asma. Estes serviços podem proporcionar resultados de saúde comparáveis aos dos tradicionais encontros presenciais com os doentes, proporcionar-lhes maior satisfação e ser rentáveis. Os serviços de telemedicina interactiva proporcionam interações em tempo real entre o doente e o prestador, incluindo conversas telefónicas, comunicação em linha e visitas ao domicílio. Muitas actividades, como a análise do historial clínico, o exame físico, as avaliações psiquiátricas e as avaliações oftalmológicas, podem ser realizadas de forma comparável às visitas presenciais tradicionais. Além disso, os serviços de telemedicina "clínico-interactivos" podem ser menos dispendiosos do que as consultas presenciais.

4.3 m-Saúde:

m-Health (saúde móvel) é um termo geral para a utilização de telemóveis e outras tecnologias sem fios nos cuidados médicos.

O termo é mais frequentemente utilizado em referência à utilização de dispositivos de comunicação móvel, como telemóveis, computadores tablet e PDA, para serviços e informações de saúde, mas também para afetar estados emocionais. O campo da m-Saúde surgiu como um subsegmento da e-Saúde, a utilização de tecnologias da informação e da comunicação (TIC), como computadores, telemóveis, satélites de comunicações, monitores de doentes, etc., para serviços e informações de saúde. As aplicações da m-Saúde incluem a utilização de dispositivos móveis na recolha de dados de saúde comunitários e clínicos, a transmissão de informações sobre cuidados de saúde a profissionais, investigadores e doentes, a monitorização em tempo real dos sinais vitais dos doentes e a prestação direta de cuidados (através da telemedicina móvel)[19].

A m-Health está a tornar-se uma opção popular em áreas carenciadas onde existe uma grande população e uma utilização generalizada de telemóveis. Organizações sem fins lucrativos como a m- Health Alliance estão a defender uma maior utilização da m-Health no mundo em desenvolvimento.

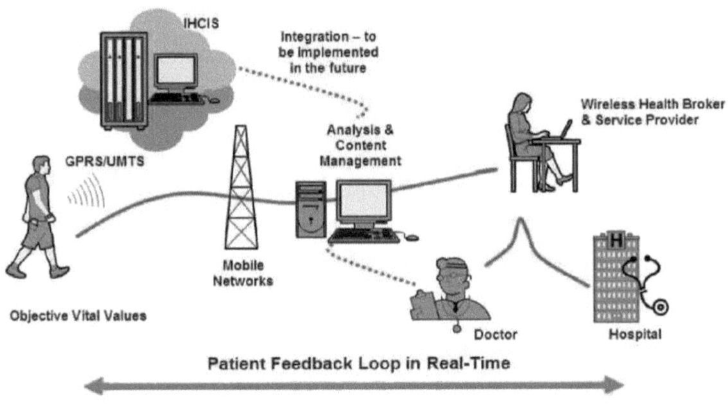

Figura 4.1: m-Health

4.4 Motivação da m-Health

A saúde móvel é um aspeto da saúde em linha que está a ultrapassar os limites da forma de adquirir, transportar, armazenar, processar e proteger os dados brutos e processados para obter resultados significativos. A saúde móvel oferece a possibilidade de os indivíduos remotos participarem na matriz de valor dos cuidados de saúde, o que poderá não ter sido possível no passado. A participação não implica apenas o consumo de serviços de saúde. Em muitos casos, os utilizadores remotos são contribuintes valiosos para a recolha de dados relativos a doenças e problemas de saúde pública, como a poluição exterior, as drogas e a violência.

A motivação subjacente ao desenvolvimento do domínio da saúde móvel resulta de dois factores. O primeiro fator diz respeito às inúmeras limitações sentidas pelos sistemas de saúde dos países em desenvolvimento. Estes constrangimentos incluem o elevado crescimento da população, um elevado peso da prevalência de doenças, uma mão de obra reduzida no sector dos cuidados de saúde, um grande número de habitantes rurais e recursos financeiros limitados para apoiar as infra-estruturas de cuidados de saúde e os sistemas de informação sobre saúde. O segundo fator é o recente aumento rápido da penetração dos telemóveis nos países em desenvolvimento para grandes segmentos da força de trabalho dos cuidados de saúde, bem como para a população de um país no seu conjunto. Com um maior acesso aos telemóveis por parte de todos os segmentos de um país, incluindo as zonas rurais, aumenta o potencial de redução dos custos de informação e de transação para a prestação de cuidados de saúde.

4.5 Sistema de saúde móvel existente:

1999: Imagem fixa + serviço de correio eletrónico - CRP, Royal Navy Hospital, Haslar, Reino Unido julho de 1999: A TRCL iniciou o estudo de viabilidade e o desenvolvimento de infra-estruturas para estabelecer serviços de telemedicina nacionais e internacionais.

Meados de 2000: A Grameen Communication iniciou um serviço de tele-saúde rural sem fios

- Início do primeiro serviço m-health

2001: Constituição da BTA

2003: Através do VSAT 22, o serviço de saúde eletrónica é iniciado pela SDNP

Construir dois segmentos de rede (8Km; e 6Km),

rádio p-p com largura de banda bidirecional de 2 Mbps

2005: GTC e DAB iniciaram a consultoria com videoconferência através da televisão

2006: O Grameen Phone iniciou a marcação de saúde móvel '789', utilizando a rede GSM 2G

- Através de SMS e chamada telefónica em tempo real
- Serviço de urgência, ambulância, relatório de diagnóstico, consultoria

2007 - 2009: "ICT in Rural Bangladesh" por SPIDER, Grameen Communication, Grameenphone, BSMMU, IIIT Índia.

2009 - Marca "AmCare" da TRCL, Glucómetro com Bluetooth

4.6 Tecnologia utilizada anteriormente:

- E-mail, FAX, ISDN, GSM com GPRS, EDGE, SMS, Satélite
- Sistema de Informação Geográfica (SIG) utilizando GPS
- Débito de dados até 171 kbps com GPRS
- Taxa de dados até 384 kbps com EDGE, inicia com serviço baseado em IP
- Videoconferência, chamada telefónica, SMS, base de dados baseada na Web

CAPÍTULO 5
TECNOLOGIA MÓVEL SEM FIOS

5.1 Sistema móvel 2G

2G (ou **2-G**) é a abreviatura de tecnologia telefónica sem fios de segunda geração. As redes de telecomunicações celulares 2G de segunda geração foram lançadas comercialmente na norma GSM na Finlândia pela Radiolinja (atualmente parte da Elisa Oyj) em 1991. As três principais vantagens das redes 2G em relação às suas antecessoras foram: as conversas telefónicas eram encriptadas digitalmente; os sistemas 2G eram significativamente mais eficientes no espetro, permitindo níveis de penetração dos telemóveis muito mais elevados; e a 2G introduziu os serviços de dados para telemóveis, começando com as mensagens de texto SMS. As tecnologias 2G permitiram que as várias redes de telemóveis fornecessem serviços como mensagens de texto, mensagens com imagens e MMS (mensagens multimédia). Todas as mensagens de texto enviadas através da tecnologia 2G são encriptadas digitalmente, permitindo a transferência de dados de forma a que apenas o recetor pretendido os possa receber e ler.

Após o lançamento da 2G, os anteriores sistemas de telefonia móvel foram retrospetivamente apelidados de 1G. Enquanto os sinais de rádio nas redes 1G são analógicos, os sinais de rádio nas redes 2G são digitais. Ambos os sistemas utilizam sinalização digital para ligar as torres de rádio (que escutam os aparelhos) ao resto do sistema telefónico [20].

No nosso estudo, gostaríamos de introduzir a nova tecnologia de ponta da geração móvel.

5.2 Sistema móvel 3G:

Em 1992, a UIT definiu uma largura de banda de 230 MHz em 2 GHz para o sistema IMT 2000 - cobertura universal que permite que os terminais tenham uma itinerância sem descontinuidades em várias redes.

Tecnologia desenvolvida pela 3GPP

- Migração suave do GSM.
- A área de serviço sobrepõe-se ao sistema 2G existente
- Integra serviços multimédia baseados no IP (IMS) utilizando o protocolo SIP

IMTDS - Rede de acesso rádio terrestre UMTS baseada em WCDMA (UTRAN),

- ligado à rede central GSM-UMTS utilizando uma interface de vários fornecedores

HSDPA -- Acesso **a** pacotes **de** ligação **descendente** de alta **velocidade**, débito de dados - 8 a

10 Mbps

- utilizando a técnica de **codificação adaptativa** multitaxa (AMR)
- **Antenas MIMO**, serviço multimédia melhorado (**MMS**) - **Melhoria** da **segurança**, ligação em rede WLAN/WWAN
- Serviços Broadcast/Multicast
- IMS **melhorado**, chamada de emergência IP
- **Muitas** outras funcionalidades **de gestão**

Figura 5.1: Telemóveis de diferentes **gerações**

5.3 Lançamento do sistema móvel 3G no Bangladesh:

Grameenphone Ltd - 3.9G (HSPA +), Pacote de débito de dados - 512 kbps, 1 Mbps

-- **46** milhões de subscritores,

-- 1600 **pontos** de serviço cobrem quase **toda a upazila**

-- **94** Centros Grameenphone

Banglalink Digital Communication Ltd -- 3G, HSPA+

-- 28 milhões de subscritores

-- **27** Centro de **atendimento ao cliente**, centro de atendimento telefónico

-- Pontos **de serviço** em cada **Thana**

Robi Axiata Ltd - 3.5G HSPA, Pacote de Taxa de Data - 1- 3 Mbps

-- 25 milhões de subscritores

-- 19 centros de atendimento ao cliente, mais de 200 pontos de contacto

Teletalk BD Ltd - 3G, Pacote de taxa de dados - 256 kbps, 512 kbps, 1 Mbps, 2 Mbps, 4 Mbps

-- 2 milhões de subscritores

-- 40 Centros de atendimento ao cliente, Centros de atendimento telefónico

5.4 Caraterísticas do sistema móvel 3G

5.4.1 Caraterísticas do sistema móvel 3G:

1. Maior capacidade e voz sem ruído
2. Internet de alta velocidade e protocolo de aplicação sem fios
3. Videochamadas
4. TV móvel, música móvel
5. Transmissão de vídeo e áudio melhorada
6. Videoconferência
7. Comércio eletrónico
8. Serviços de base de localização
9. Serviços de mensagens
10. Convergência
11. Roaming universal
12. Todos os tipos de serviços multimédia

5.4.2 Pré-requisito para o sistema móvel 3G:

1. Posse de um dispositivo móvel com capacidade 3G (telemóvel inteligente),
2. Um plano de subscrição de rede 3G e
3. O assinante tem de estar dentro da área de cobertura 3G

5.5 Wi-MAX

(IEEE 802.16): Taxa de dados - de 500kbps a 2 Mbps

-- Sistema de acesso sem fios de banda larga fixa e móvel

-- OFDM, OFDMA, portadora única

-- Topologia em malha, ARQ

-- 2-11 GHz (NLOS), 10-66 GHz (LOS)

-- Serviço baseado em IP

5.5.1 WMAN de alta velocidade

Caraterísticas do Wi-MAX (IEEE 802.16): Taxa de dados - de 500kbps a 2 Mbps

1. VoIP - consultoria com experiência
2. Fluxo de vídeo em tempo real - ECG, EEG, videoconferência
3. Transferência de ficheiros - Base de dados de doentes, historial de doenças,
4. Tráfego Web - Informações hospitalares, reservas, consultas médicas, consultoria em linha através da Internet por modem

5.5.2 Pré-requisito para Wi-MAX:

Uma arquitetura celular semelhante à dos sistemas de telefonia móvel com uma estação de base central que controla o tráfego de downlink/uplink.

No Bangladesh: Banda de 3,5 GHz

1. Bangladeche - 1.84.000 assinantes, com autorização LTE (4G) em 2013
2. Qubee -- 1, 31.000 subscritores, também tem autorização LTE (4G) em 2013

CAPÍTULO 6
RESULTADOS E ANÁLISE

No meu estudo, escolhi o nível upazila do Bangladesh. Em primeiro lugar, estudo a política de saúde do Bangladeche no sítio Web oficial do Ministério da Saúde do Bangladeche.

A informação da política nacional de saúde é que o governo já iniciou o serviço de saúde em linha em 1030 complexos de saúde no Bangladesh [4].

Mas, na prática, quando visitei alguns complexos de saúde e clínicas comunitárias de saúde em vários distritos, e fiz entrevistas com os médicos responsáveis por esses hospitais, eles disseram-me que não existe qualquer serviço de saúde eletrónica ou infraestrutura de telemedicina nesses hospitais ou complexos de saúde. O único serviço existente é o m-health, que utiliza comunicações móveis de 2,7G. Existe apenas um número de emergência ou uma linha de apoio para cada complexo de saúde. O Governo presta este serviço utilizando as redes móveis GSM existentes do operador Grameenphone. Gostaria de descrever aqui o meu relatório de visita:

6.1 Visita ao hospital

- Complexo de Saúde de Shibpur Upazila, Narsingdi
- Complexo de Saúde Belabo, Narsingdi
- Complexo de Saúde de Polas Upazila, Narsingdi
- Complexo de Saúde de Gazipur, Gajipur
- Complexo de Saúde de Gouripur, Daudkandi, Comilla
- Complexo sanitário de Manikgonj Zila, Manikgonj
- Barisal Medical Collage and Hospital (por telefone através de um amigo)
- Maymensing Medical Collage and Hospital (por telefone através de um amigo)

6.2 Visita à Clínica Comunitária Union

- Clínica Comunitária de Saúde Chakrada, Shibpur
- Clínica comunitária de saúde de Masimpur, Shibpur
- Clínica Comunitária de Saúde de Bilsoron, Monohordi
- Clínica Comunitária de Saúde Maligoan, Daudkandi
- Clínica Comunitária de Saúde Solpo Pennai, Daudkandi

- Clínica comunitária de saúde de Aiubpur, Aricha (por telefone através de um amigo)

6.3 Resumo dos resultados das constatações:

6.3.1 Serviços existentes:

- Só existe um serviço de saúde móvel (em que o doente comunica com o médico por telemóvel)
- Todos os complexos de saúde ou clínicas comunitárias têm um número de telefone através do qual os doentes entram em contacto com os médicos.
- Apenas existe o serviço de chamadas de voz, não existindo qualquer chamada de vídeo ou videoconferência.

Exemplo de alguns números de telefone:

Os números de telefone são indicados individualmente no quadro de avisos da secção de emergência dos complexos ou clínicas.

- Complexo de saúde de Shibpur Upazila **(01730324538)**

6.3.2 Geração móvel

- 2.7G, rede GSM existente da Grameenphone

6.3.3 Duração do serviço

- 24 horas

6.3.4 Limitações:

Este serviço não é útil para o doente. Com efeito, o médico não pode prestar um tratamento adequado ou dar conselhos sobre a terapia ou os medicamentos sem uma observação direta da situação do doente. Também não existe serviço de videochamada ou instalações de videoconferência com o sistema sem fios 2G. Além disso, nas zonas rurais, as condições de ligação à rede são demasiado fracas. Assim, para receber tratamento adequado, os doentes têm de se deslocar ao hospital. Mais uma vez, o doente não consegue descrever corretamente a sua situação devido à falta de conhecimentos.

6.4 Outros serviços de saúde em linha existentes no Bangladeche

A Grameenphone já iniciou um serviço de saúde móvel no Bangladesh. O serviço HealthLine é uma teleconferência interactiva entre um utilizador de telemóvel Grameenphone e um médico autorizado, disponível 24 horas por dia. Os assinantes do Grameenphone podem procurar aconselhamento médico em situações de emergência, não emergenciais ou regulares, bastando marcar "789". Este serviço está disponível para os assinantes dos telemóveis Grameenphone, que são cerca de 20 milhões no Bangladesh.

6.4.1 Limitações deste serviço:

- O serviço está disponível apenas para os assinantes do serviço móvel Grameenphone.
- O custo das chamadas é muito elevado (cerca de 0,21 USD/Tk 15 por chamada (duração da chamada = 3 minutos fixos)).
- Apenas um centro de atendimento do GP está afetado a este serviço, situado em Dhaka.

6.5 Solução proposta

Atualmente, as tecnologias móveis sem fios 3G e 4G foram implantadas no Bangladesh. Em 2012, a BTRC lançou a título experimental a tecnologia 3G através do operador móvel TeleTalk. Depois, em 2013, a BTRC concedeu licenças a quatro outros operadores móveis, como a GP, a Robi Axiata, a Banglalink e a Airtel. As caraterísticas e as taxas de dados disponíveis são descritas nas secções 5.3, 5.4 e 5.5. Estes últimos serviços de telefonia móvel de alta velocidade oferecem-nos uma oportunidade omnipresente para melhorar os sistemas de saúde móvel no Bangladesh. Nos últimos anos, todas as infra-estruturas de base de telecomunicações do Bangladesh, por exemplo, as espinhas dorsais, foram actualizadas com serviços de fibra ótica de alta velocidade E1 e STM 4 através do SEA-ME-WE-4.

Em seguida, podemos propor toda a infraestrutura de saúde móvel do Bangladesh da forma apresentada na figura. 6.1.

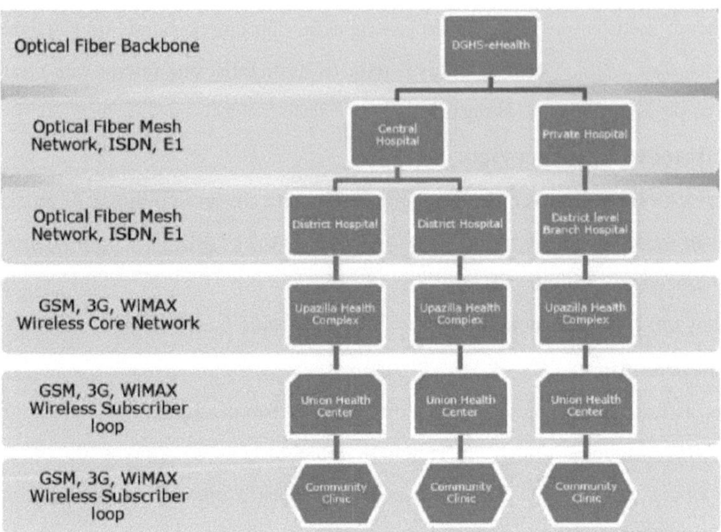

Figura 6.1: Diagrama de blocos proposto para o sistema m-Health no Bangladesh

Além disso, podemos descrever a estrutura total dos serviços m-Health na Figura. 6.2.

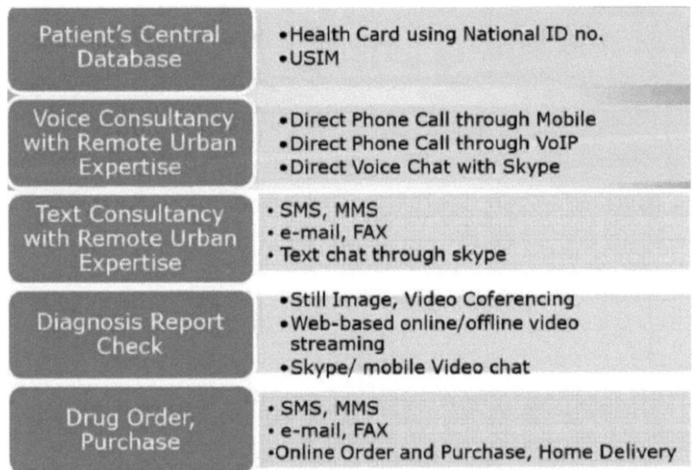

Figura 6.2: Estrutura de serviços proposta para o sistema de saúde móvel

Precisamos de criar uma base de dados central do historial da doença e do historial de medicamentos do doente durante a conversa entre o médico e o doente por telefone. Será útil para referência futura deste doente. Para o efeito, podemos utilizar o número de identificação nacional para o rastreio. E para obter um serviço sem problemas, precisamos de maior largura de banda, que pode ser fornecida pela tecnologia 3G e 4G (WiMAX).

6.6 Principais componentes do programa

Este programa ubíquo pode alargar o alcance dos cuidados de saúde primários às pessoas comuns, fornecendo

- Informações sobre médicos e instalações médicas
- Informações sobre medicamentos ou farmácias
- Informações sobre o relatório de ensaio laboratorial
- Aconselhamento médico/consulta do médico
- Ajuda e aconselhamento durante uma emergência médica

Para verificar a minha proposta, gostaria de explicar o cenário geral da conetividade sem fios no Bangladesh. Neste ponto, excluo a discussão sobre a espinha dorsal de fibra ótica a nível nacional devido às suas caraterísticas bem conhecidas.

6.7 Área de cobertura

6.7.1 Área de cobertura 3G

No Bangladesh, o serviço de rede da Grameenphone é melhor do que os outros. A cobertura de rede da Grameenphone é superior à dos outros operadores, com doze mil circuitos de transmissão de base, enquanto todos os outros operadores dispõem de trinta mil circuitos, como 3G, WiMAX, T&T, etc. Além disso, a Grameenphone cobre 95% da área de todo o Bangladesh, mas com 2,7G. Está a atualizar gradualmente as suas redes com 3G. Até à data, a cobertura da área 3G da Grameenphone em todo o país, por divisão, é apresentada a seguir:

Mapa de cobertura 3G do operador Grameenphone para cada divisão:

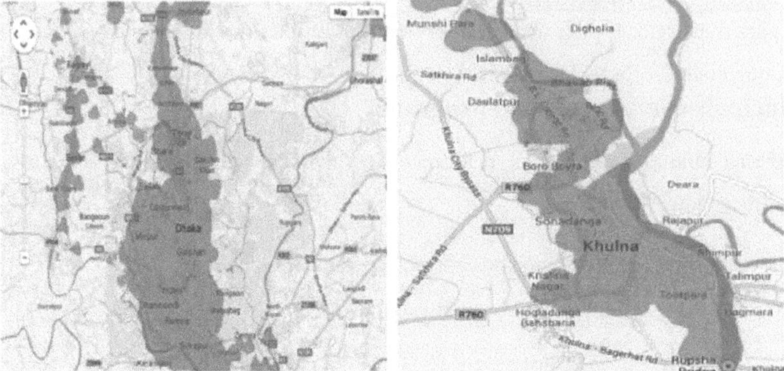

Figure 6.3: Dhaka Division

Figure 6.4: Khulna Division

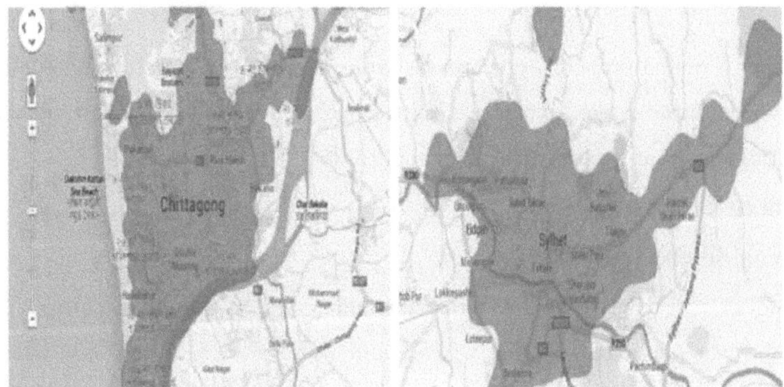

Figure 6.5: Chittagong Division

Figure 6.6: Sylhet Division

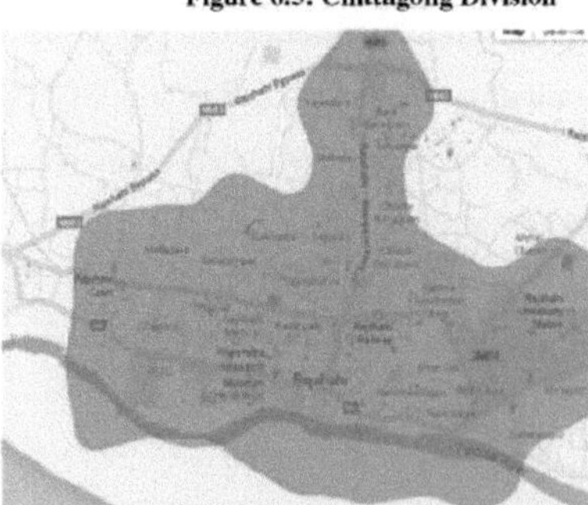

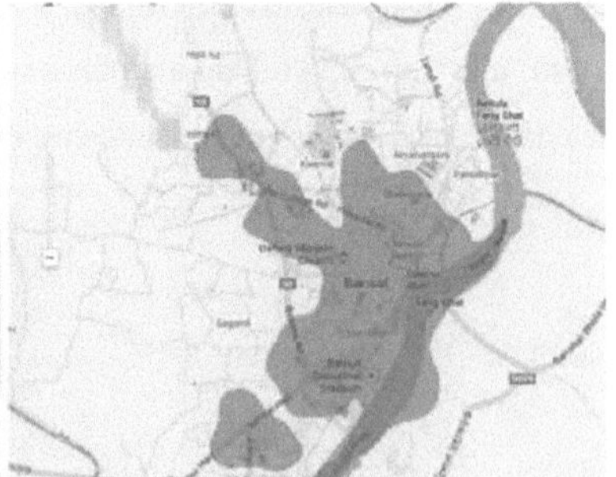

Figure 6.7: Rajshahi Division

Figure 6.8: Barisal Division

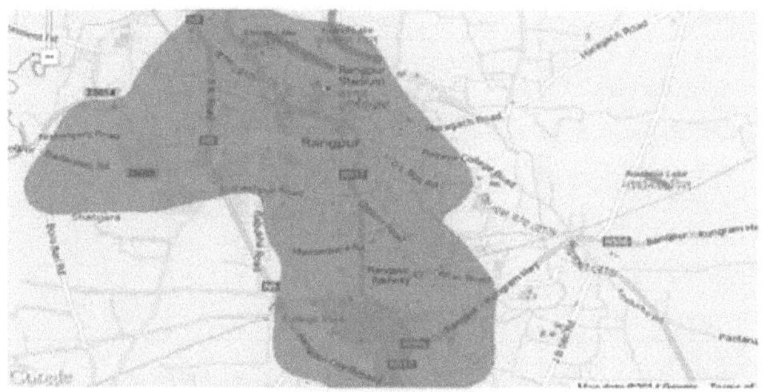

Figure 6.9: Rangpur Division

Em seguida, são apresentados diferentes cenários de conetividade 3G de todos os operadores móveis:

Tabela 6.1: Comparação das áreas de cobertura entre os diferentes operadores

Division	Grameenphone	Banglalink	Teletalk	Robi	Airtel
Dhaka	Dhaka Faridpur Gazipur Gopalgonj Jamalpur Kishorgonj Madaripur Manikgonj Munshigonj Narayanganj Narsingdi Netrakona Rajbari Shariatpur Sherpur Tangail	-Dhaka metropolitan area by 89 BTS -Narayanganj metropolitan area By 6 BTS - Gazipur metropolitan area by 21 BTS	Dhaka metropolitan area Narayangonj Maymansing Gopalgonj Narsingdi Faridpur Manikgonj	Coverage only Dhaka metropolitan area	Coverage only Dhaka metropolitan area
Chittagong	Bandarban Brahmanbaria Chandpur Chittagong Comilla Cox's Bazar Feni Khagrachhri Lakshmipur Noakhali	Coverage Chittagong metropolitan area by 56 BTS	Chittagong metropolitan area Comilla Feni Cox's Bazar	Bandarban Brahmanbaria Chandpur Chittagong Comilla Cox's Bazar Feni Khagrachhri Lakshmipur Noakhali	

	Rangamati			Rangamati	
Rajshahi	Bogra Chapainababganj Joypurhat Pabna Naogaon Natore Rajshahi Sirajgonj		Rajshahi metropolitan area		
Khulna	Bagerhat Chuadanga Jhenaidah Khulna Kushtia Magura Meherpur Narail Satkhira	Coverage Khulna metropolitan area by eleven BTS	Khulna Jessore		
Sylhet	Habigonj Maulvibazar Sunamgonj Sylhet	Sylhet metropolitan area by 4 BTS	Sylhet Metropolitan area		
Barishal	Barguna Barisal Bhola Jhalokati Patuakhali Pirojpur		Barishal metropolitan area		
Rangpur	Dinajpur Gaibandha Kurigram Lalmonirhat Nilphamari Panchagarm Rangpur Thakurgoan		Rangpur Dinajpur		

6.7.2 Área de cobertura WiMAX no Bangladesh

Comparação da área de cobertura WiMAX no Bangladesh entre a Banglalion e a Qubee, a área de cobertura WiMAX da Banglalion é melhor do que a da Qubee. A Banglalion já cobriu todas as áreas metropolitanas de todas as divisões e, a nível distrital, cobriu mais de 40 distritos. Por outro lado, a Qubee não conseguiu chegar a todas as divisões do Bangladesh.

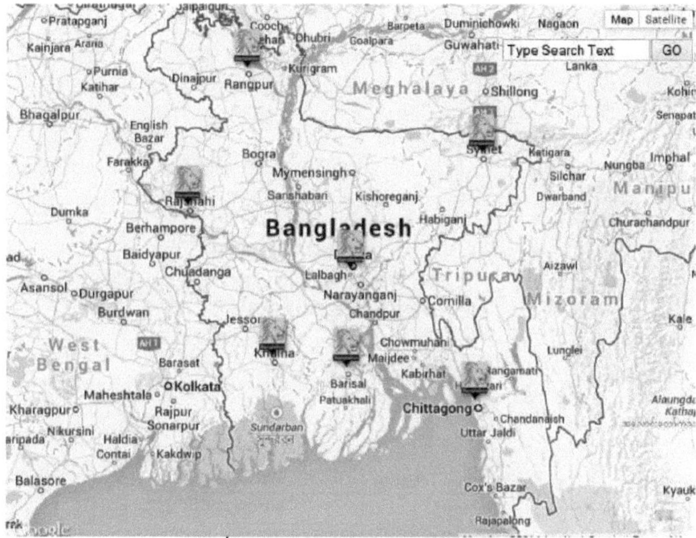

Figura 6.10: Área de cobertura do Bangladeche no Bangladeche

6.8 Análise de custos:

É sabido que, com o aumento dos débitos de dados e das facilidades, o preço da tecnologia também aumenta. Por isso, é necessário testar a viabilidade destas novas tecnologias quando o rendimento per capita da população do Bangladesh não é tão elevado. Para o efeito, em primeiro lugar, gostaríamos de observar os preços dos aparelhos móveis e dos modems que suportam estas tecnologias de ponta e, em seguida, mostraremos os diferentes pacotes de taxas de dados fornecidos por diferentes operadores móveis e operadores 4G.

6.8.1 Custo dos aparelhos móveis que suportam as caraterísticas tecnológicas 3G ou superiores

Atualmente, a China e a Índia produzem telefones inteligentes que suportam 3G e 4G e estão disponíveis no mercado local a um preço razoável. Consequentemente, o número de assinantes de telemóveis inteligentes está a aumentar de dia para dia no nosso país.

- Operating System: Android 4.1 Jelly
- 4.5" Capacitive Full Touch
- 1.2 GHz Processor (Quad Core)
- RAM 1 GB & ROM 4 GB
- 3GNetworks, EDGE, Wi-Fi,GPS

TK: 7,990

- Operating System: Android 4.1 Jellybean
- 4.5" TFT Capacitive Full Touch
- FWVGADisplay
- Camera: 5MP+1.3 MP
- 1.2 GHz Processor (Dual core)
- RAM 512 MB & ROM 4 GB
- 3G, EDGE, GPRS, WiFi
- GPS, G-sensor, Proximity

TK: 12.000

Tabela 6.2: Custo do modem de WiMAX

Operator	Prepaid cost	Postpaid cost
Banglalion	Tk 2499	Tk 1999
Qubee	Tk 2500	Tk 2000

Tabela 6.3: Custo do pacote WiMAX

Operator	Speed	Cost	Data Limit	Validity
Banglalion	512Kbps Or 1Mbps	Tk 150	600MB	10 Days
		Tk 400	2.5GB	30 Days
		Tk 699	5GB	30 Days
Qubee	512Kbps 1Mbps	Tk 1000	10GB	30Days
		Tk 500	2GB	
		Tk 1000	4GB	

Tabela 6.4: Comparação das tarifas de chamadas entre os diferentes operadores

Operator	**Video Call rate of 3G**	**Cost/Pulse**
Grammenphone	1.20 Tk/min	20 paisa/10 sec.
Teletalk	54 paisa/min	4.5 paisa/5 sec.
Airtel	1 Tk /min	0.1917paisa/10 sec.
Banglalink	1.20 Tk /min	20 Paisa/10 sec.
*Video call only available for intra operator(GP-GP, Robi-Robi)		

6.8.1 Rendimento per capita da população do Bangladesh

Segundo o relatório do Gabinete de Estatísticas do Bangladesh, em setembro de 2013, o rendimento per capita do Bangladesh atingiu 1044 dólares, ou seja, 81 432 Tk. Mas a verdade crucial é que, para os aldeões, este montante é muito inferior a 1044$. Agora, este é o principal ponto considerável se este tipo de serviços de alta taxa de dados de 3G, WiMAX e telefones móveis avançados com alto custo é viável para as pessoas remotas rurais.

Porque, para as pessoas individuais, não é frequente ocorrerem doenças ou catástrofes. Assim, durante todo o ano, não precisam deste tipo de conjunto móvel de alta tecnologia.

6.8.3 Pontos de serviço locais alternativos propostos

- Pontos de serviço de recarga de telemóveis
- Farmácia local

Se os pontos de serviço de recarga de telemóveis e/ou as farmácias locais puderem fornecer estes serviços de videochamada, FAX, correio eletrónico e MMS como atividade extra com telemóveis e modems de alta qualidade, será um serviço mais útil e económico para as populações rurais pobres. Para que o projeto m-Health seja implementado com êxito, é necessário, em primeiro lugar, formar adequadamente esses prestadores de serviços remotos em cada hospital ou clínica comunitária, em colaboração com os operadores móveis.

6.9 Análise do desempenho das tecnologias 2G, 3G e 4G

6.9.1 Análise de imagens para carregamento de imagens de 200MB de tamanho de ficheiro por tecnologia 2G, 3G e 4G

No nosso país, os nossos operadores de rede, como a Grameen phone, a Banglalink e a Citycell, fornecem uma largura de banda partilhada que é muito limitada para a transmissão de chamadas de voz sem problemas.

Por isso, nem sempre estamos a receber a largura de banda real. Por vezes, a largura de banda atribuída fica abaixo do padrão e também varia em diferentes zonas, como a zona urbana e a zona rural. Assim, para uma transmissão de voz e vídeo sem problemas, o desempenho pode ser pior.

Para efeitos experimentais, recolhi uma imagem de um doente que se deslocou ao hospital para receber cuidados de saúde.

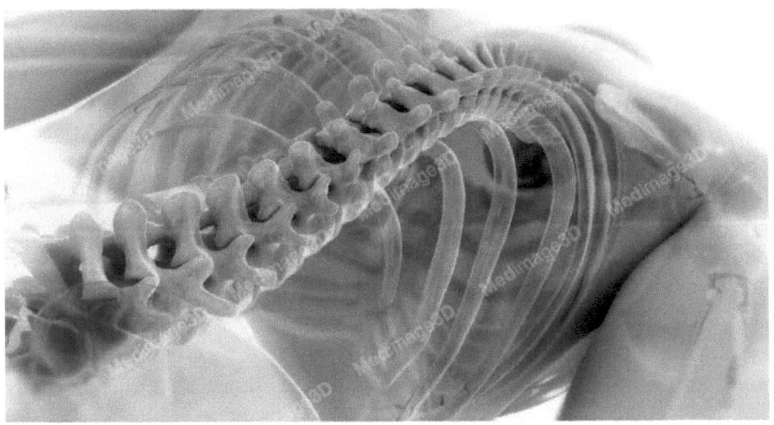

Figura 6.11: Corpo humano

Tabela 6.5: Análise de imagens por tecnologia 2G, 3G e 4G

Generation	Data Speed	Average upload speed	Uploading Time for 2MB Image file
2G	320Kbps	30KB	7s
3G	512Kbps	55KB	4s
4G	1024Kbps	110KB	2s

6.9.2 Análise de desempenho de vídeo por tecnologia 2G, 3G e 4G

Para a análise do desempenho vídeo do WiMAX 2G, 3G e 4G, gravei três vídeos de 2 minutos de duração utilizando a ligação à Internet de três modems de três gerações diferentes de tecnologia móvel.

Figura 6.12: O paciente comunica com o médico através do Skype por modem Wi-MAX

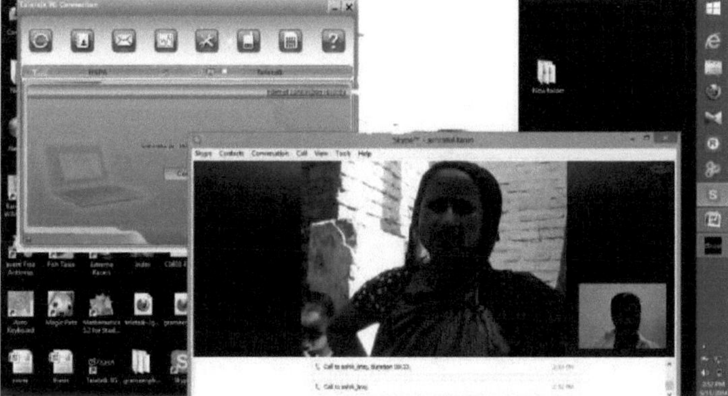

Figura 6.13: O doente comunica com o médico através do Skype por modem 3G da Teletalk

Figura 6.14: O paciente comunica com o médico através do Skype pelo modem 2G da Citycell

Resultados de comparação:

Ao utilizar o modem 2G, foi muito difícil estabelecer uma videochamada porque a largura de banda e a taxa de dados da rede 2G são muito baixas. Além disso, a rede foi desligada muitas vezes durante a conversa. Além disso, devido ao facto de a transmissão de dados ser mais lenta, demora muito tempo a armazenar os dados, pelo que a transmissão de vídeo foi interrompida durante alguns momentos.

Mais uma vez, com o modem 3G Teletalk, a transmissão de vídeo foi muito rápida e clara, mas a ligação foi interrompida durante uma conversa de 2 minutos. Além disso, durante uma videochamada através de um telefone 3G de longa distância (Bogra para Dhaka), a ligação foi interrompida duas vezes. O WiMAX apresenta o melhor desempenho em termos de transmissão e ligação.

CAPÍTULO 7

DISCUSSÃO

Nesta investigação, estudamos o sistema de saúde digital disponível no Bangladesh e como podemos melhorar a situação na era da globalização. No início, visitei muitos complexos de saúde, clínicas comunitárias em diferentes upazilas e sindicatos. Descobri que, no que diz respeito à telemedicina, só existe o sistema de saúde móvel (m-health). Além disso, apenas os complexos e clínicas governamentais estão a prestar este tipo de serviços de saúde de emergência em áreas remotas, não havendo organizações privadas a trabalhar nesta questão. Observei 8 complexos de saúde em 8 upazilas diferentes de Narsingdi, Gazipur, Maymensing, Doudkandi, Manikgonj e Barisal. Em Narshingdi, visitei três upazilas dos complexos de saúde de Shibpur, Belabo e Palash. Também visitei 6 clínicas comunitárias situadas em Narshingdi, Doudkandi e Manikgonj. Em Barisal e Manikgonj, recolhi a informação sobre o serviço m-Health por telefone através dos meus amigos.

Existe uma linha de apoio para cada complexo de saúde e clínica comunitária e o operador móvel Grameenphone é o único operador que presta este nobre serviço ao Governo com as suas redes GSM 2,7G existentes. Cobrem 95% da área de todo o país. Apenas um centro de atendimento telefónico da Grameenphone, situado em Dhaka, presta este serviço de saúde móvel. Além disso, só existe um serviço de aconselhamento de emergência por voz à distância, não estando disponível qualquer outro tipo de serviço de saúde, como o serviço de texto, de fax, de videoconferência, etc. Como os operadores móveis utilizam largura de banda partilhada nas zonas rurais, o desempenho da rede é demasiado baixo. Consequentemente, embora o 2,7G tenha serviços GPRS e EDGE, não pode ser utilizado nas clínicas comunitárias. Além disso, a tarifa especial das chamadas de voz m-Health é fixada em 15Tk/3 min. Mas a tarifa normal das chamadas de voz 2.7G é de cerca de 1 Tk/ min. Assim, este serviço de emergência é demasiado dispendioso para os habitantes das zonas rurais com rendimentos mais baixos.

Devido à limitação dos serviços e ao facto de, atualmente, em todo o mundo, incluindo no Bangladesh, as comunicações móveis sem fios estarem a ser actualizadas de dia para dia, podemos tirar partido deste tipo de serviços utilizando uma geração superior de comunicações móveis, como a 3G, a 4G e outras. Podemos também reorganizar a nossa rede de saúde total num sistema hierárquico com uma espinha dorsal de fibra ótica nas redes principais e com um sistema sem fios na extremidade do utilizador remoto (Figura 6.1). No nosso país, o sistema 3G já foi lançado por cinco operadores móveis: Grameenphone, Robi Axiata, Teletalk, Airtel e Banglalink, entre 2012 e 2013. Além disso, o serviço de dados 4G WiMAX foi lançado em 2009 pela Qubee. Mais tarde, a Banglalion e a Wolo obtiveram a autorização da BTRC. Em 2013, obtiveram autorização para lançar o sistema 4G LTE. A Grameenphone tem o maior número de assinantes, cerca de 48 milhões, tanto em zonas urbanas como rurais, enquanto a Banglalion tem mais de 2 milhões de assinantes em zonas urbanas. O total de assinantes de serviços móveis sem fios no nosso país é de cerca de 115 milhões. Assim, existe uma grande oportunidade de melhorar o sistema de saúde móvel no nosso país utilizando estas tecnologias 3G e 4G. Para isso, estudámos toda a área de cobertura 3G e 4G de diferentes operadores móveis. Verificámos que, na área metropolitana de Dhaka, todos os operadores têm uma rede de voz 3G e que as três empresas WiMAX acima mencionadas têm uma boa cobertura. No quadro 6.1, descrevem-se os pormenores da cobertura. Mais uma vez, nos arredores da cidade de Daca, a Grameenphone tem a maior rede 3G e a Banglalink é o segundo maior operador. Na divisão de Chittagong, a Robi Axiata oferece a melhor cobertura 3G de todos os operadores. A Teletalk só tem cobertura 3G nas zonas metropolitanas de todas as divisões. Em Barisal e Ranpur, a Banglalink não tem cobertura 3G. A Robi Axiata apenas oferece cobertura em Dhaka e Chittagong. Nas outras cinco divisões, não tem cobertura 3G. A Airtel fornece a mesma conetividade 3G que a Teletalk.

Em seguida, analisamos o custo destes serviços. Para obter os serviços de áudio e vídeo de alta velocidade de dados, é necessário mudar de telemóvel. O preço deste tipo de telemóvel começa em 7 000 Tk e vai até 60 000 Tk (iPhonev5, Samsung S5). O preço depende das caraterísticas disponíveis e da qualidade de fabrico do telemóvel. Mais uma vez, o custo do modem WiMAX começa em 2.000 Tk para ligação pós-paga e 2.500 Tk para ligação pré-paga, como mostra a Tabela 6. Não depende da empresa. Todos os tipos de modem de todas as empresas fornecedoras de serviços têm as mesmas qualidades e desempenhos.

A tabela 6.4 mostra que a Teletalk tem a tarifa mais baixa para chamadas de vídeo 3G, de 54 paisa/min (4,5 paisa/5 segundos de impulso). Assim, se o Governo celebrar um contrato com a Teletalk no âmbito da sua melhor cobertura de 3G nas áreas metropolitanas, os complexos de saúde situados nessas áreas podem fornecer o serviço m-Health a um preço mais baixo, incluindo chamadas de voz e vídeo. Mas, até à data, a cobertura 3G é muito reduzida, como se pode ver na Tabela 6.1.

Em Chittagong, a Robi Axiata tem a melhor cobertura 3G do que todos os outros operadores, mas o preço da sua taxa de videochamada é algo elevado. É de referir que as tarifas das chamadas de voz 2G e 3G são as mesmas para todos os operadores. Apenas no que respeita às videochamadas, existem algumas diferenças entre todos.

Utilizando os serviços WiMAX, podemos fazer videoconferências com especialistas de diferentes hospitais sobre qualquer situação crucial de qualquer paciente através do Skype ou VoIP. Mais uma vez, o médico pode verificar as condições físicas dos doentes através de vídeo. Pode registar o historial do doente, a sua idade, a sua localização, etc., na base de dados central do hospital, com o número de identificação nacional do doente e também com o número de telemóvel, para referência futura. Além disso, pode sugerir medicamentos observando a situação dos doentes. Por outro lado, o doente rural remoto pode também comprar medicamentos encomendando-os à farmácia por telefone, ou enviando a receita por FAX ou correio eletrónico ou MMS e pagar o dinheiro através de serviços bancários móveis (por exemplo, Dutch-Bangla Mobile Banking), ou através de serviços como BKash, MCash, UCash. O total das categorias de serviços propostas é apresentado na Figura 6.2. Além disso, as informações sobre médicos especialistas, instalações médicas, medicamentos e farmácias, bem como informações sobre diagnósticos e relatórios de testes podem ser obtidas através de MMS. O custo do WiMAX é muito razoável. O pacote mínimo mensal de dados de 512 kbps ou 1 Mbps é de 400 Tk sem IVA.

Agora, gostaríamos de comparar o desempenho de 3G e WiMAX com 2,7G durante a transmissão de imagens e vídeos. Observámos que o tempo de transmissão necessário para um ficheiro de imagem de 200 MB de um relatório de raio-X ou de um ECG de um doente é de cerca de 2s para 3G, 1s para WiMAX e 7s para 2G [Tabela 6]. Além disso, examinámos o desempenho da videochamada utilizando o modem EDGE 2,7G, o modem TeleTalk 3G e o modem WiMAX através do Skype. No caso da ligação à Internet 2G, a transmissão de vídeo não é tão boa devido à menor largura de banda e taxas de dados. No caso da 3G, embora a transmissão de vídeo seja melhor do que a 2G, o desempenho da conetividade é semelhante ao da 2G. Por outro lado, o WiMAX tem mostrado o melhor desempenho tanto em termos de transmissão como de conetividade, devido ao seu melhor desempenho de rede e ao elevado débito de dados. Um doente pode utilizar o Skype ou o VoIP através de um telemóvel inteligente. Mas, para o médico, é bom ver a imagem do doente em ecrã inteiro. Se utilizarmos a ligação USB do PC para a imagem ou o vídeo do telemóvel, a imagem em ecrã total parece desvanecer-se devido à baixa resolução. Mas com o modem, os médicos podem obter uma imagem mais nítida do doente.

Mas, em termos de utilizadores individuais, especialmente para os aldeões, este tipo de telemóvel de custo elevado e de serviços infrequentes de custo elevado não é viável. Mais uma vez, para as pessoas rurais sem instrução ou com menos instrução, é difícil lidar com este tipo de dispositivos e operações de alta tecnologia. Se os pontos de serviço de recarga de telemóveis e/ou as farmácias locais pudessem prestar estes serviços de videochamada, FAX, correio eletrónico e MMS como atividade suplementar, seria um serviço mais útil e eficiente para as populações rurais pobres. Numa primeira fase, é necessário que cada hospital ou clínica comunitária, em colaboração com os operadores móveis, dê formação adequada a estes prestadores de serviços à distância.

CAPÍTULO 8
CONCLUSÃO

O Bangladesh tem-se esforçado por satisfazer as necessidades básicas da sua população, tais como alimentação, vestuário, habitação, saúde, educação e outras, e por elevar substancialmente o nível de vida em todo o país. Para atingir estes objectivos e acompanhar o resto do mundo, o Bangladesh também tem de iniciar a ciência e a tecnologia para atingir os seus objectivos nacionais. Só através da utilização da ciência e da tecnologia como instrumentos efectivos de mudança é possível assegurar um futuro feliz e próspero para o povo do Bangladesh. Uma força palpável da telemedicina é a melhoria da qualidade do tratamento em populações carenciadas. A melhoria da qualidade do tratamento é mais evidente no aumento do acesso a serviços especializados. O acesso a especialistas é, indiscutivelmente, um dos principais problemas das populações carenciadas. A saúde móvel permite que os médicos de zonas carenciadas consultem especialistas a nível nacional e internacional, sem saírem do seu local físico. Outras potencialidades da saúde móvel incluem a diminuição das deslocações dos doentes para obterem serviços de saúde e a troca mútua de conhecimentos entre profissionais ligados através da saúde móvel.

No Bangladesh, existe uma enorme disparidade na distribuição dos cuidados de saúde nas zonas rurais e urbanas. O país sofre também de falta de conhecimentos médicos e de instalações de cuidados de saúde, bem como de excesso de população. Neste cenário, utilizando os seus recursos limitados, a saúde móvel pode ser uma forma mais fácil e barata de divulgar os serviços de saúde nas zonas rurais do Bangladesh.

O Bangladesh ligou-se à rede de cabos submarinos como membro do consórcio SEA-ME-WE-4. Em 2016, será ligado ao SEA-ME-WE-5 com uma largura de banda de 1400 Gbps. As instalações de voz e Internet estão praticamente disponíveis em todos os distritos do Bangladesh. Mas, depois de observar a situação real e os diferentes preços dos telemóveis 3G e dos modems 2G, 3G e WiMAX; as diferentes tarifas das chamadas 3G e dos pacotes de dados WiMAX, podemos concluir que, para a população rural, não é viável utilizar o serviço avançado de saúde móvel. Embora o rendimento per capita do Bangladesh ultrapasse os 1000 dólares, exatamente 1044 dólares ou 81432 Tk, o rendimento real da população rural é muito inferior a esse valor. Assim, se o Governo e os operadores móveis tomarem a iniciativa adequada através de pontos de recarga de telemóveis e/ou farmácias locais e com a ajuda de serviços bancários móveis para o pagamento, não será muito longe o momento em que um doente em locais remotos consultará os médicos através do sistema de saúde móvel. Especialmente em caso de catástrofe, este sistema tornar-se-ia um meio muito importante de consultoria em matéria de saúde para os doentes vítimas de catástrofes à distância.

REFERÊNCIAS

[1] Wootton R., "**Telemedicine**", BMJ 2001; 323: 557- 560.

[2] Wright D, "Telemedicine and developing countries", relatório do grupo de estudo 2 do sector de desenvolvimento da UIT. J Telemedicine Telecare 1998; 4: 1-85.

[3] História da Telemedicinahttp://electronicdesign.com/components/brief-history-telemedicine

[4] Política Nacional de Saúde 2012-13 http://en.wikipedia.org/wiki/Bangladesh-health-policy

[5] Niamat Ullah, Pervez Khan, Najnin Sultana e Kyung Sup Kwak; "A Telemedicine Network Model for Health Applications in Pakistan: Current Status and Future Prospects " International Journal of Digital Content Technology and its Applications Volume 3, Número 3, setembro de 2009.

[6] Ahasanun Nessa, M. A. Ameen, Sana Ullah; "Applicability of Telemedicine in Bangladesh: Current Status and Future Prospects" Third International Conference on Convergence and Hybrid Information Technology, 2008.

[7] Abul Kalam; "Situação atual e oportunidades futuras da telemedicina no Bangladesh".

[8] Istepanian, R.S.H, Jovanov, "Guest Editorial Introduction to the Special Section on M-Health: Beyond Seamless Mobility and Global Wireless Health-Care Connectivity" Information Technology in Biomedicine, IEEE Transactions on Volume: 8, Issue: 4, 2004.

[9] Poon, C. C. Y; "A novel biometrics method to secure wireless body area sensor networks for telemedicine and m-health" Communications Magazine, IEEE Volume: 44, Issue: 4, 2006.

[10] Jovanov,E; "Wireless Technology and System Integration in Body Area Networks for m- Health Applications", 27.ª Conferência Internacional Anual da Sociedade de Engenharia em Medicina e Biologia, IEEE -EMBS, 2005.

[11] R.S.H, Istepanin; "Emerging mobile communication technologies for health: some imperative notes on m-health", Engineering in Medicine and Biology Society, 20 Actas da 25.ª Conferência Internacional Anual do IEEE, 2003.

[12] Kyriacou, E; "m-Health e-Emergency Systems: Current Status and Future Diretions [Wireless corner]" Revista Antennas and Propagation, IEEE, Volume: 49, Edição: 1, 2007.

[13] Ping Yu, Hui Yu; "The Challenges for the Adoption of M-Health" Service Operations and Logistics, and Informatics, IEEE International Conference on 2006.

[14] Hanseth, M. E; "Understanding Information infrastructure". 1998. http://heim.ifi.uio.no/~oleha/Publications/bok.html

[15] Norris, A. C., Essentials of Telemedicine and Telecare , John wiley & sons Ltd, 2006

[16] Sullivan,J. R; "A-z of skin: Teledermatologia", 2001. http://www.dermcoll.asn.au/public/a-

z_of_skin.asp.

[17] Bashshur R, S. J; Dhannon G, Telemedicine Theory and Practice, Springfield Charles C Thomas Publisher Ltd. (1997)

[18] http://en.wikipedia.org/wiki/Telemedicine.

[19] http://en.wikipedia.org/wiki/MHealth.

[20] http://en.wikipedia.org/wiki/2G

Printed by Books on Demand GmbH, Norderstedt / Germany